中国·东作 2012

红木家具精品汇

主编·李黎明

华中科技大学出版社
http://www.hustp.com
中国·武汉

序一

近几年来，东阳红木家具产业蓬勃兴起，传统东阳木雕与古典家具的有机融合，让这个产业变得多姿多彩，成为东阳这个"百工之乡""木雕之都"的灵动音符，深受人们的喜爱。

《红木家具精品汇》里的作品，都是全市各个厂家精心选送，通过行业专家严格评审出来的力作，代表了当前这个时期东阳红木家具的创作水平和发展方向。这里的每件精品，都凝结着智慧、展示着风格、传承着文化、透露着情感，绚烂灵动、生机勃勃，都是极具欣赏价值的艺术品和收藏品。在我市木雕文化产业得到长足发展的今天，东阳市红木家具协会每年开展精品评选展示，是一项很有意义的创新举措，对于我市更好地推进传统家具产业和东阳木雕艺术的融合，促使红木家具行业走大众化、艺术化、精品化之路，进一步打响产业品牌具有十分重要的作用。

当前，我市正致力于文化产业全域化发展，并初步形成了以横店影视文化产业为龙头，东阳江山水生态文化，卢宅、李宅、蔡宅"三宅"古建筑文化，东阳木雕竹编文化以及教育、饮食等地方特色文化互为补充、相得益彰、协同发展的大好局面，这为东阳红木家具产业的发展创造了良好的机遇和条件。市红木家具协会要紧紧抓住这一契机，自觉担当弘扬地方传统文化的重任，充分发挥行业协会的指导引领作用，认真做好行业管理、市场服务、产业规划、资源整合、技术研发、交流合作、品牌经营等工作，努力把"东作"红木家具打造成全国知名品牌。全市各红木家具企业也要高举"创新"的大旗，加大管理创新、技术创新和产品开发的力度，以更高的要求来审视当前，以更远的目标来规划未来，以更高的技艺来延续文脉，以更多的精品来引领发展，不断做大做强做优，努力在推动文化产业全球化发展的大潮中作出积极的贡献。

热切期待"东作"红木家具续写出东阳灿烂的文化和美好的明天。

金华市委常委
东阳市委书记

序二

——艺术风格与东阳红木家具

艺术风格是一种标志，有的可以标志一个时代，也有的标志一个地区。影响大的艺术风格成为一个时代的称呼，如"巴洛克""洛可可"等。东阳，作为一个地区其木雕艺术成为一个代表性的符号，足见其影响之大，其艺术风格是十分显著的。在全国范围里，提起东阳不知道其木雕成就的很少。然而，对于东阳红木家具的生产制作过程知道的人就没有那么多了。这是因为作为红木家具生产制作产区时间还少，历史还短。

我们有理由为今天东阳红木家具生产表象的繁荣担心。因为在红木家具的发展历史上还没有一个地区这样快速地发展过，因为红木家具同时还是一种文化产品，也因为红木家具所点燃出让人质疑的财富热情。

所以，这个时候特别需要东阳人看看自己木雕艺术发展的历史。一个艺术门类的生长与人相同，有着发生、成长的发展轨道，能够最终成熟并发扬光大不是偶然的。它一定要与人们的生活相契合，与经济发展相匹配，与当地的欣赏习惯相吻合。有了这些就有基础。但还不是根本，其中的骨干精神即是艺术风格。是艺术风格的形成使东阳木雕有了真正的生命，有了一种可以一直延续下去的、可以在各种文化中传播生长的生命。

这就是我们在东阳红木家具发展过程中为什么特别强调风格形成的原因。正是基于这一出发点，我们强调东阳木雕艺术在家具中的体现，强调寻找木雕艺术与家具制作的结合点，也强调家具首先作为一种生活日用品给木雕艺术提出的课题。

什么是艺术风格？在一段时期内由于大家一致认为美，或公认好的标准，成为基本倾向的追求或表现，并且最后定格，一种风格就出现了。具体到东阳红木家具，应当包括文化风格、造型风格、工艺风格、装饰雕刻风格、涂装风格等等。这些方面逐步有了自己面貌特点，整体风格就不远了。

当然，我们也有理由为今天东阳红木家具的发展感到高兴。经过几年的坚持，可以从这里连续举办的红木家具设计大赛逐渐看出端倪。待风格进一步形成，所说的"东作"红木家具就会出现。

我们期待真正的艺术品由此脱颖而出。

2013年4月4日清明于北京

中国家具协会副理事长
中国家具协会传统家具专业委员会主任
中国家具协会设计工作委员会主任委员

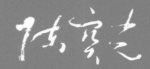

东作红木家具--圆雕

东作红木家具概论

一、东作家具的历史渊源

东阳婺之望县,东作家具为"东阳三绝"翘楚(另二绝为东阳木雕、东阳竹编)。东作家具源于西汉,南寺塔下的残留家具木雕配饰,距今已有一千八百余年历史。据《史记》载,此为中国家具史上有记载的最早的家具木雕配件。

商周到汉魏时期,中国人的生活方式是席地而坐,到东汉、南北朝时逐渐有了高形坐具,在唐代已是垂足高坐了,到宋代则已经完全脱离席地而坐的方式。明隆庆初年,开放"海禁",硬木开始进入中国,为明式风格家具提供了发展的物质基础条件。明式家具是中国家具史上的高峰,以简约流畅备受推崇和赞誉;清式家具则是中国家具发展史上的另一个高峰,尤以清代宫廷家具为代表,厚重繁华、富丽堂皇为其显著特点。

在中国家具发展史上,始终闪现着江南一带工匠的身影,他们或流连于民间作坊,或受聘于达官贵人,或应召皇家贵族。地处浙中的东阳,在全国范围内,制作家具的能工巧匠人员最多、分布最广,技艺也是最精、最巧的。所以东作家具在历代都深得各阶层人士喜爱。至今,仍有越来越多的人不断加入到传统工艺的设计、制作和销售的队伍中。

如果以东作流派历史渊源为前提,以东阳人企业数量为基础,那么东阳绝对是红木家具发展史上不可或缺的生产聚集区,至今在行业市场内具有越来越深远的影响。现东阳市本地红木家具生产企业已达一千多家,东阳人在全国各地的红木家具生产企业可谓占尽中国红木生产的半壁江山。论规模,论实力,论技术,东作家具都在业内首屈一指。

二、东作家具的基础文化

卢宅是中国江南园林建筑的独特代表,其建筑特色根源于东阳能工巧匠在建筑、装饰雕件上的充分运用。它集中体现东阳木雕艺人、木匠艺人、漆作艺人、民间设计师强大的制作力和创新意识。因此,卢宅在无形之中影响了东阳的家具发展和家具制作上的工艺运用,使东作家具具有独特的江南人文文化特色。

东阳民间历来重视婚嫁迎娶,盖房做家具成为婚娶中不可或缺的环节,由此形成的需求市场,为众多能工巧匠提供了施展技艺的平台。因此,在东阳的家具历史上留下诸多建筑精品和家具精品。而工匠间相互争奇斗艳、相互切磋技艺,又极大地促进了东阳当地的红木家具发展,也使得东作家具的人数可占到东阳全市人口的六分之一。从业人员队伍的不断壮大,使东阳出现供过于求的现象,导致众多艺人背井离乡,外出谋生。明清时期,东阳艺人已经遍布全国,把东阳的传统技艺诸如家具、木雕、竹编、油漆等在全国各地发展开来。至今,在全国许多地方的建筑和家具上,都有着东阳技艺的影子,如安徽的徽派建筑和山西的古建筑。

东作家具的形成源于东阳"百工之乡"的基础,而东阳的"百工"在外出各地行艺时又将其发扬光大,深深地影响了其他流派。因此,追本溯源,东作家具在造就其他流派的家具中功不可没。

三、东作家具的风格特点

东作家具在明清时期曾达到历史的巅峰。清代的康熙、雍正、乾隆时期的造办处,诸多技艺高手均来自江南一带,以东阳的能工巧匠居多。在明清时期的家具中,东作家具的风格就已形成,并留下诸多精品。精雕细凿、形神兼备、经久耐用、富有深厚文化底蕴等特点,使东作家具在各流派红木家具中独树一帜。据《造办处话计档》记载,乾隆三十六年十二月十九日,杭州织造寅保在进贡单中将东作家具高手精制而成的紫檀琴桌、紫檀山水纹宝座列为贡品。据此考证,在京作、苏作、广作、晋作各大流派中,东作的风格、特点、神韵、技艺均浚汇于其中。东作家具中最为独具特色的风格特点有如下几方面:

1. 在创意设计中,造型庄重、比例适度、轮廓优美、匠心独具,体现了以江南人文为特色的审美理念。

2. 在工艺制作方面,尤其以东阳木雕作为家具中的独特载体而独步国内。红木家具集中体现精雕细凿、华丽深浚,在刀法上明快简洁、圆润饱满。运用松散式的构图手法,艺术化的设计布局,将疏可跑马、密不插针的中国传统绘画的诸多意境都运用到了东阳木雕之中。其中最为突出的是浅浮雕技艺在家具上的充分运用,它溥而立体、密而清晰、饱满丰润、栩栩如生,实为东作家具中的一绝。

3. 在木工制作上,东作家具集中体现了结构严谨、榫卯精密、坚实牢固、历久不散工艺的精华。

4. 在漆艺上的处理达到高超的艺术境界,光泽厚润,用漆精良,端丽典雅,以山上野蜂蜡为原料,不仅环保,且自然美观,体现了内在美与外在美的统一。

东作概念的家具特色源自民间还至民间。在设计制作中也以中产阶级为对象,进行了大量的实用性产品的生产制作,以科学合理、优美舒适、持久耐用为特点的人性化设计,得到了广大市民的喜爱和赞扬。

东阳市红木家具行业协会简介

东阳市红木家具行业协会成立于2008年11月5日，是东阳市红木家具生产、经营企业自发组成的社团组织。协会以"管理、交流、服务、协作、创新、发展"为宗旨，发挥企业与政府、企业与企业、企业与专家间的桥梁纽带作用，以弘扬东阳红木家具文化、传承东阳红木家具艺术、促进东阳红木家具产业发展为己任。

协会设会员大会、理事会、秘书处，会员大会为协会最高权力机构，理事会是协会执行机构，在会员大会闭会期间行使大会职权。会长为协会的法定代表人，秘书处是协会的常设办事机构，负责处理协会日常事务，实行会长领导下的秘书长责任制。

协会现有168个会员，主要为东阳市红木家具骨干企业、规模以上企业、大型红木家具卖场及专家会员等。

2008年11月，协会聘请国内著名专家，组成了专家委员会，其成员有：中国文物鉴定委员会委员、中央电视台"鉴宝"栏目特邀木器鉴定专家张德祥，北京故宫博物院研究员、国文物鉴定委员会委员胡德生，上海博物馆研究员、中国明清家具鉴定专家王正书，中国明式家具研究所所长、国家工艺美术专家库成员濮安国，亚太地区手工艺大师、中国工艺美术大师、中国工艺美术学会木雕艺术委员会会长陆光正等。

2009年6月，协会与南京林业大学木材科学研究中心在东阳红木家具市场共同设立"南京林业大学木材科学研究中心东阳服务站"，为东阳红木家具生产、经营企业和红木家具消费者提供红木家具材质认定和红木树种鉴定，保证产品质量，防止假冒伪劣和以次充好等质量问题的发生。大大提高了消费者对东阳红木家具品牌的信任度和美誉度。

2009年9月，为使东作家具更具东阳特色，打造东阳红木家具在全国市场的高品质形象，努力使东阳红木家具"东阳制作"的符号在全国独树一帜。设立了协会的第二个专业委员会"东阳红木家具行业协会设计专业委员会"。

2010年9月协会增补为浙江省工艺美术行业协会副理事长单位。

2010年12月，为顺应东阳市红木家具产业发展中对新产品、新技术及人才需求的不断增加，与南京林业大学的家具与工业设计学院和木材工业学院牵手设立了"东作红木家具技术研究开发中心"，将社会技术人才与院校专家资源整合，不断提高东阳红木家具企业新产品研发能力和工艺水平，对提升东阳红木家具在行业内的领先地位具有重大意义。

协会成立三年多来，牢固树立服务意识，积极沟通和服务于全市红木家具企业，为促进东阳红木家具产业的健康发张做了大量服务工作：2009年4月与中共东阳市委宣传部共同拍摄制作《话说东阳—东阳红木家具篇》形象宣传专题片；2008、2009年连续承办两届中国红木古典家具理事会年会，2009、2010、2011年举办首届、第二届、第三届全国红木家具经销商大会及华东地区红木家具采购交易会；2009年8月协同政府相关部门在全行业内开展"东阳红木家具知名品牌企业"、"东阳市红木家具十大精品"评选活动；2009年12月与浙江广厦建设职业技术学院、南京林业大学木材科学研究中心联合举办"红木家具营销知识（中级）培训班"；2010年8月与中国家具协会传统家具专业委员会联合举行"2010年度东阳红木家具精品金奖"、"2010年度东阳红木家具最佳创意奖"、"2010年度东阳红木家具最佳工艺奖"、"2010年度东阳红木家具精品奖"的评选活动；2011年9月与中国家具协会传统家具专业委员会联合举行"2011年度中国红木家具东作奖"评选活动；2010年11月与东阳市劳动局再就业训练中心合作举办第二期"红木家具营销员（中级）培训班"，组织优秀企业的优秀作品抱团参加全国的大型展会等等一系列卓有成效的活动，推动了东阳红木家具产业的迅速发展。

2011年11月被增补为中国家具协会常务理事单位。

东阳红木家具市场简介

东阳红木家具市场成立于2008年,总经营面积近12万平方米,汇聚了"友联为家"、"明堂红木"、"大清翰林"、"国祥红木"、"施德泉红木"、"怀古红木"、"万家宜"、"中信红木"、"旭东红木"、"年年红"、"万盛宇"等全国及东阳逾百个知名红木家具品牌,是目前国内单体经营面积最大的红木家具专业市场。

东阳红木家具市场,坐落在东阳世贸大道与义乌阳光大道交汇处,毗邻义乌国际商贸城、中国木雕城、东阳国际建材城,距离义乌核心商圈仅8分钟车程,向西1000米处即为甬金高速义乌出口,交通极为便利。

东阳红木家具市场特邀国内最具权威的木材鉴定机构南京林业大学木材科学研究中心,在市场设立了"南京林业大学木材科学研究中心东阳服务站",该服务站是国内首家专业红木家具市场面向全体经营者及消费者提供红木家具材质鉴定的专业服务机构,为消费者购买货真价实的红木家具提供保障。

在2010年9月召开的第二届中国(东阳)红木家具经销商大会上,东阳红木家具市场被中国家具协会、浙江省家具行业协会联合授予"中国红木家具规范经营示范市场"荣誉称号。

东阳红木家具市场将继续以一流的产品,先进的管理,热情周到的服务,宽敞舒适的购物环境,热忱欢迎全国各地知名品牌加盟及红木经销商和顾客朋友前来鉴赏选购!

市场地址:东阳市世贸大道599号(浙江海德建国酒店对面)
服务热线:0579—8633 3333　传　真:0579—8636 5161
网　　址:www.dyhmjjw.com

目录
CONTENTS

003	宫廷书房
009	"锦绣华夏"艺术沙发
015	荷花中堂
019	"煮酒论英雄"大圆桌

 特别金奖作品

福满乾坤大床	027
祥瑞至美顶箱柜	033
基业永固书房	037
万狮绣中华书房	045
紫气东来书房	051
帝氏檀雕明式书房系列	055

 金奖作品

062	"八仙过海"书房系列五件套
067	和谐团圆沙发
073	祥瑞至美大床
077	"三国演义"餐桌系列
081	春意大床
087	马到成功展宏图宝座
091	灵芝中堂
093	"十八罗汉"挂屏
097	灵芝中堂
101	和谐宝座

 精品奖作品

"三国演义"圆桌	109
清式紫檀透雕荷花纹大宝座沙发	115
寒雀罗汉床	117
荷塘清趣沙发	121
"百鸟朝凤"画案	125
禅椅三件套	127
画 案	129
"西游记"顶箱柜	131
太和餐桌	133
江南·忆	137

优秀奖作品

特别金奖作品

东作红木家具精品・特别金奖作品

宫廷书房

作品材质： 红酸枝（中美洲）
作品规格： 5000mm×4000mm×2800mm
出品日期： 2012年
出品企业： 东阳市明清宝典木雕工艺厂

作品简介： 宫廷书房是明清宝典品牌精品宫廷系列之一，材质全部采用了中美洲的红酸枝（微凹黄檀）。此款木工全部采用了传统的榫卯结构、结合"东阳木雕"的技法，配以各种吉祥的图案。宫廷书房豪华大气精细，具有极高的实用性、欣赏性、收藏性。
（2012东阳市木雕·红木家具十大精品）

东作红木家具精品·特别金奖作品

宫廷书房

东作红木家具精品·特别金奖作品

宫廷书房

红木家具精品匯

中国·东作

东作红木家具精品 · 特别金奖作品

锦绣华夏艺术沙发

作品材质：大红酸枝
作品规格：长沙发：3610mm×1680mm×2113mm　椅：1890mm×1680mm×1880mm
共计17件，占地面积45m²
出品日期：2012年
出品企业：浙江中信红木家具有限公司

作品简介：锦绣华夏大型艺术沙发选用珍贵的老挝大红酸枝木，充分运用传统木雕中的深浮雕、镂空雕、浅浮雕、阴雕等技法表现，由浙江中信红木家具有限公司的雕刻师们历时两年多推出的艺术精品。此作品博采众家所长，整体造型生动恢宏，大气淋漓，以山水画为主题，顶部靠头运用传统的"飞天"女为辅，热情讴歌伟大的时代，抒发对大好河山的壮美情怀。"飞天"飘飘，山河万里，风帆竟发，寓意华夏大地喜庆祥和、自然和谐、盛世龙腾、普天同庆的氛围！
（2012东阳市木雕·红木家具十大精品）

东作红木家具精品 · 特别金奖作品

锦绣华夏艺术沙发

东作红木家具精品·特别金奖作品

锦绣华夏艺术沙发

红木家具精品汇

中国·东作

荷花中堂

作品材质：大红酸枝
作品规格：3000mm×4000mm
出品日期：2012年
出品企业：东阳市吴宁东木居红木家具厂

作品简介：此作品运用了东阳木雕中的"浮雕"、"透空雕"、"透空双面雕"等雕刻技法，采用穿枝过梗的手法，通体满饰荷花纹，荷叶有的舒展，有的卷曲，还有的枝叶缠在一起，形成缠枝莲，荷花有的开得正旺，有的已经结了莲蓬。纹饰惟妙惟肖，生机盎然，彼此贯通，连成一体。雕刻荷花枝叶蔓延，生动逼真，与木材之坚形成鲜明对比，将古典家具的柔美和刚美很好地展现出来，雕工精致、洗练、玲珑剔透而不伤整体和牢固，整套中堂作为大堂家具摆设，整体气韵庄重肃穆，不染繁缛匠气，可谓古典家具中的精品之作。（2012中国传统家具博览会获中国家具设计奖传统家具银奖）

红木家具精品汇

中国·东作

荷花中堂

"煮酒论英雄"大圆桌

作品材质：大红酸枝
作品规格：桌子：2760mm×810mm　椅子：1270mm×500mm×600mm
出品日期：2012年
出品企业：东阳市康乾红木家具有限公司

作品简介："煮酒论英雄"大圆桌是这次盛会的一道亮丽的"风景线"。它不仅展示了精湛的红木家具传统制作和东阳木雕工艺，而且将景德镇瓷板画和沧州泥塑等民间优秀的传统工艺融入其中，以红木家具为载体。让东阳木雕、景德镇陶瓷和沧州泥塑等不同的传统工艺溶入其中，使之相互辉映，相得益彰，恰到好处地完美结合。

设计团队："煮酒论英雄"作品由东阳木雕、景德镇陶瓷和泥塑等行业的工艺美术大师共同参与设计和制作。俗话说：商场如战场，在激烈竞争和强手如林的现代商业模式下，各路英豪为争夺属于自己的一片天地而展开激烈的竞争。然而，自古以来，无论是帝王将相还是平民百姓都将随着时间的流逝变成历史，再稳固的江山、再宏伟的基业也会被滚滚流动的历史长河化为尘埃。所以，与其殚精竭力的独占一片天地，不如化敌为友，和平相处，携手共进，和谐发展。这是作品主要的创作思路。

红木家具精品汇 中国·东作

东作红木家具精品·特别金奖作品

"煮酒论英雄"大圆桌

红木家具精品汇

中国·东作

东作红木家具精品·特别金奖作品

 "煮酒论英雄"大圆桌

红木家具精品匯

中国·东作

金奖作品

东作红木家具精品·金奖作品

福满乾坤大床

红木家具精品汇 中国·东作

福满乾坤大床

作品材质：大红酸枝

作品规格：床：2220mm×2200mm×600/1840mm

床头柜：680mm×560mm×730mm

脚　踏：1390mm×400mm×165mm

出品日期：2012年

出品企业：东阳市明堂红木家具有限公司

作品简介：这是一套超豪华卧室家具，通体大红酸枝用料，由双人大床和配套的两个床头柜及一对脚踏组成。整体造型稳重大气，局部细节雕刻华丽细致，刀刀有序，脉络分明，膨牙板和三弯狮子腿造型，给人以稳健张扬的气势，靠背五屏式设计，气宇轩昂，与皇家文化底蕴平分秋色。此套家具为集中国传统文化大成之作。它把从皇家收藏的古代玉器、铜器上汲取素材，巧妙地装饰在家具上。造型和风格无不透露着清式家具的气派和精致，多种雕琢技艺的运用衬托得家具豪华却不失灵动气息，将人们美好的愿望和追求表现得淋漓尽致。

（2012东阳市木雕·红木家具十大精品）

红木家具精品匯

中国·东作

东作红木家具精品·金奖作品

福满乾坤大床

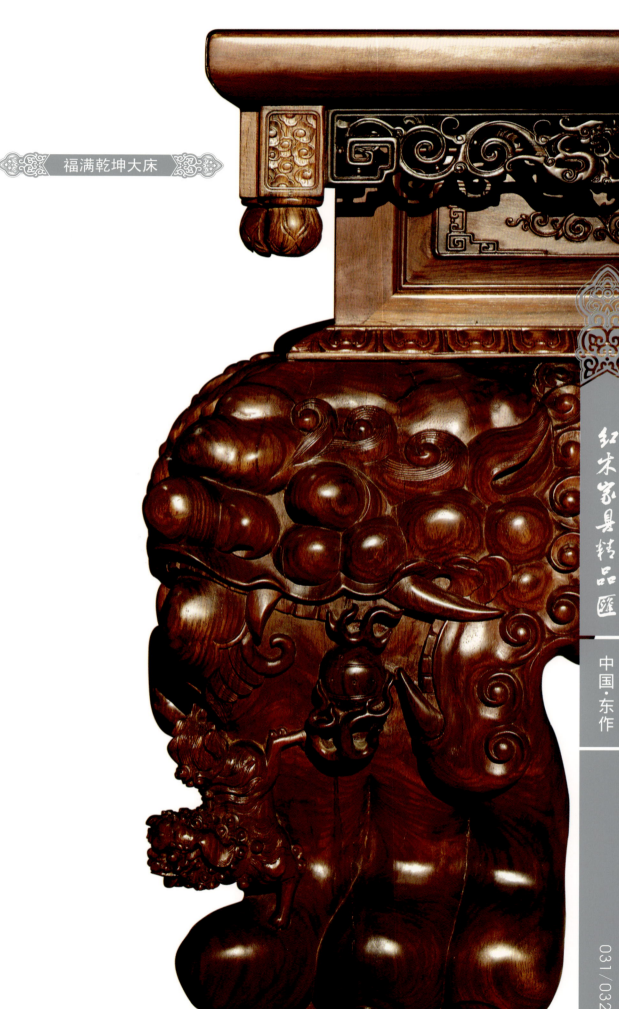

红木家具精品汇

中国·东作

祥瑞至美顶箱柜

作品材质： 东非黑黄檀、红酸枝
作品规格： 2400mm×2400mm
出品日期： 2012年
出品企业： 东阳市万豪嘉美红木家具有限公司（新光红博）

作品简介： 木棉花下情定终身，静好岁月事事如意(柿树、柿子)，绿树成荫、子儿满枝(松鼠松子、多子多孙)，百年好合，天长地久(荷花见证)，四大美女似水温柔，细腻包容，象征爱和美，寓意似水女人让东奔西走为生活打拼的男人归来时，能清涤疲惫，洗尽风尘，因为这里是他栖身的港湾，是他调整身心、酣然入梦的地方……此顶箱柜采用紫光檀和红酸枝两种木材精心打造而成，紫光檀油性强，纹理细腻，如玉石般温润，颜色厚重、高贵，而红酸枝色泽高丽，纹理旖旎多姿，稳定性能绝佳，是收藏典传上好的帝王之木。雕刻是一门艺术，同时也是诠释美好生活的一种表现方式，此顶箱柜在雕刻上突破了传统雕刻的呆板，逼仄，尽显生机灵动，不论是松针、鸟雀，丝丝逼真，布局上大片留白，给予人充分遐想空间，在写意的同时雕刻又极其写实，人物、花鸟三维立体效果直冲耳目，充分展示东阳浅浮雕的灵魂技法，令人眼前一亮。

祥瑞至美顶箱柜

红木家具精品汇

中国·东作

基业永固书房

作品材质：大红酸枝
作品规格：书桌：4100mm×1530mm×980mm
　　　　　　书柜：6570mm×680mm×2750mm
　　　　　　书椅：810mm×625mm×490/1470mm
出品日期：2012年
出品企业：东阳市明堂红木家具有限公司

作品简介：基业永固书房设计灵感源于具有悠久历史传统和光辉成就的中国古建筑，古为今用，巧妙地与红木家具相结合。把古建筑中圆浑、饱满、稳固并充满东方艺术美感的精神内涵融入家具。在局部精雕细刻"长城"、"千里江山图"、"劲竹"等各种图案，既陶冶情操、开阔心胸，又预示着国家昌盛、国运长虹，同时也暗寓主人事业远久、基业长青。此套作品构思独特，气势恢宏，立意深远。整体作品彰显霸气和稳固，暗合主题，源于古而不泥于古，既有传统韵味，又不失时代特色。

东作红木家具精品·金奖作品

基业永固书房

东作红木家具——透雕

万狮绣中华书房

作品材质：大红酸枝
作品规格：桌：3500mm×1200mm×1000mm
　　　　　　柜：1100mm×400mm×2300mm
出品日期：2012年
出品企业：东阳市旭东工艺品有限公司

作品简介：该书房设计有创新理念，气势恢宏，大气大方，雕刻精工善美，桌面以福禄寿禧为寓意，左侧书柜中间以万狮绣中华来衬托，人物、狮子雕刻的栩栩如生，榫卯结构严谨牢固，样式以清式为主，具有较高的艺术收藏价值。

红木家具精品匯

中国·东作

东作红木家具精品·金奖作品

万狮绣中华书房

红木家具精品匯

中国·东作

东作红木家具精品·金奖作品

万狮绣中华书房

东作红木家具精品 · 金奖作品

紫气东来书房

作品材质：红酸枝
作品规格：书桌：3200mm×1500mm
　　　　　　　书柜：4600mm×2600mm
出品日期：2012年
出品企业：东阳市万豪嘉美红木家具有限公司（新光红博）

作品简介：此书房华贵典雅，雕画以藻饰中国文化，弘扬民族精神；中国历史文化悠久，书画、玉石在传统文化中都具有一席之地，红木与玉石字画相结合可谓珠联璧合。书桌通身雕有天官赐福、八仙过海、海屋添筹等吉祥图案，福寿双全、崇文重教之理念贯穿其中。书桌正中镶嵌翡翠玉石犹如日出云翕、遍照四方、五色文采草诸福禄寿禧，万方事物昭著钟鼎尊彝；背景水墨写意乾坤四时并运，六朝功成，毗卢帽檐下像诸垣户殿堂，敬谨之心无以言表，然后慎独以修身，读书以养性……

东作红木家具精品·金奖作品

紫气东来书房

红木家具精品汇

中国·东作

帝氏檀雕明式书房系列

作品材质：大红酸枝
作品规格：桌：2060mm×980mm×780mm
　　　　　书柜：2900mm×2130mm×400mm
　　　　　平案：1460mm×480mm×860mm
　　　　　花架高：1060mm　沙发660mm×500mm
出品日期：2012年
出品企业：东阳市帝尔神红木艺术家具有限公司

作品简介：整套家具沿用明式风格，由经典款式衍生设计而成。整体造型简约而不简单，厚重却又内敛。代表中国传统吉祥文化的云蝠纹与美轮美奂的"帝氏檀雕"共同点缀于家具各处，成为此套家具贯穿始终的核心文化要素，充分展现此套家具是为一件不可多得的珍品。

红木家具精品汇 | 中国·东作

东作红木家具精品 · 金奖作品

帝氏檀雕明式书房系列

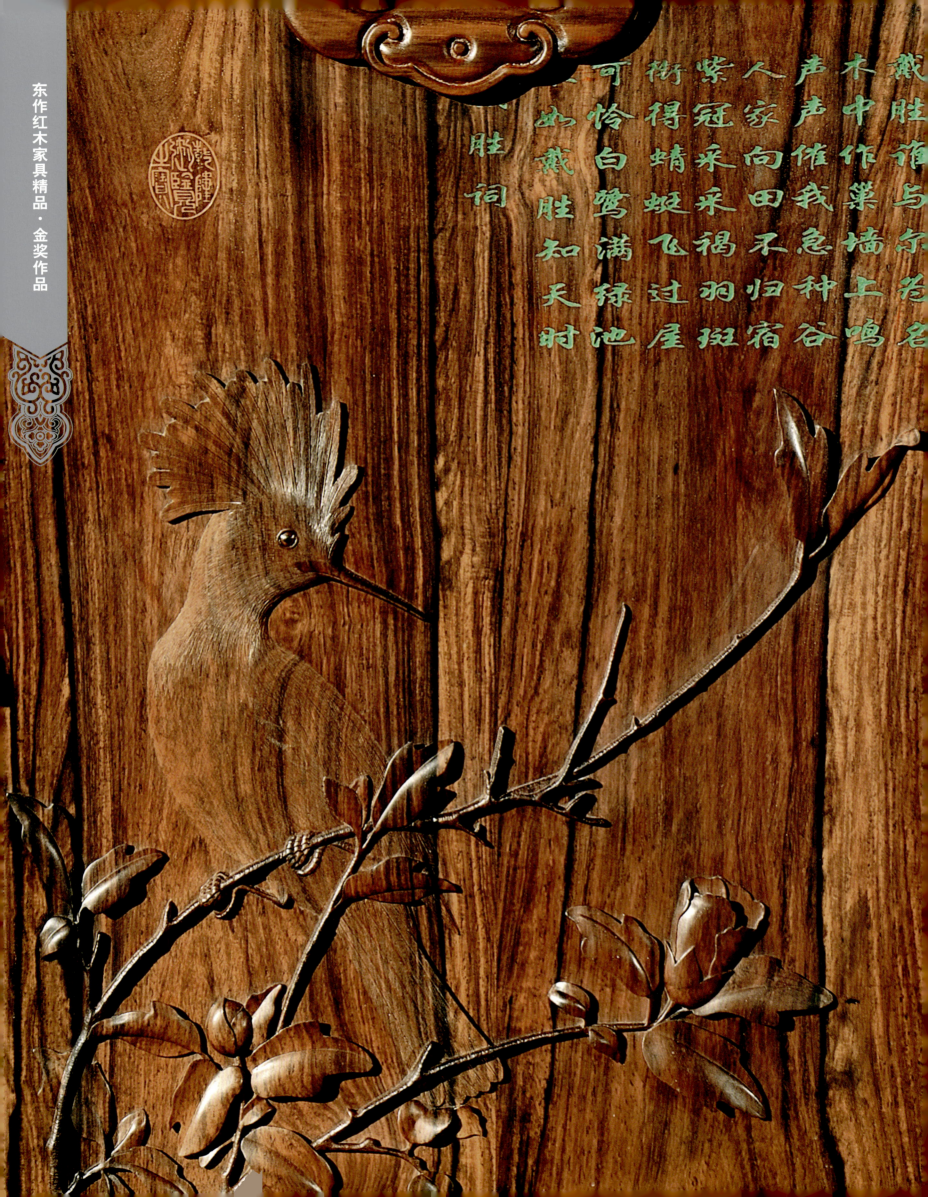

戴胜词

戴胜谁与尔为名
木中作巢墙上鸣
声声催我急不归
人家向来采禾黍
紫冠采采褐羽斑
衔得蜻蜓飞过屋
可怜白鹭满绿池
如戴胜知天时

帝氏檀雕明式书房系列

红木家具精品汇　中国·东作

精品奖作品

东作红木家具精品·精品奖作品

八仙过海书房系列

作品材质：卢氏黑黄檀
作品规格：书桌：2360mm×1070mm×810mm
　　　　　　书柜：2970mm×400mm×2180mm
出品日期：2012年
出品企业：东阳市康乾红木家具有限公司

作品简介：书桌选用传统画案与书桌相结合的方式，大气而不张扬，威严而稳重。整张书桌雕刻注重前部，书桌正面中间雕刻传统的"八仙过海"图案，雕花板四周水纹环绕，意为神通广大、财源滚滚。除了桌前雕花以外，整张桌子以素面为主，充分体现木料天然的纹理和色泽。书柜由三组柜子组成，两个侧柜以传统明式设计方案，中间的书柜则采用现代书柜的设计方案，简洁大方而实用。椅子下部从鼓凳中转化而成，稳重大方，上部加一些简单的拐子，椅背和扶手符合人体工程学原理，背上简单雕有"泰山日出"的图案，意味背有靠山、事业蒸蒸日上。（2011年第十二届中国工艺美术大师作品，暨国际艺术精品博览会"天工艺苑·百花杯"中国工艺美术精品奖铜奖）

红木家具精品汇

中国·东作

东作红木家具精品·精品奖作品

八仙过海书房系列

红木家具精品汇

中国·东作

东作红木家具精品·精品奖作品

和谐团圆沙发

作品材质：大红酸枝
作品规格：长沙发：2130mm×780mm×1060mm
　　　　　短沙发：800mm×710mm×1030mm
　　　　　大茶几：1380mm×1200mm×580mm
出品日期：2012年
出品企业：东阳市御乾堂宫廷红木家具有限公司

作品简介：荷花中的"荷"与"和"、"合"谐音，"莲"与"联"、"连"谐音，在中华传统文化中，常以"荷花"即莲花作为和平、和谐、合作、团结、联合的象征，以荷花的高洁象征着和平事业、和谐世界的高洁。在人们心目中是真善美的化身，吉祥丰兴的预兆。圆形象征着无限、团结、和谐，圆形是优美的，代表了温暖、舒适。设计者大胆构思，把圆的造型运用到红木沙发的制作上，线条圆润饱满、流畅优美、与众不同。该套作品共12件，设计制作者把二者巧妙结合，象征着家庭团圆和谐、美满幸福、吉祥如意。

东作红木家具精品·精品奖作品

和谐团圆沙发

东作红木家具精品·精品奖作品

和谐团圆沙发

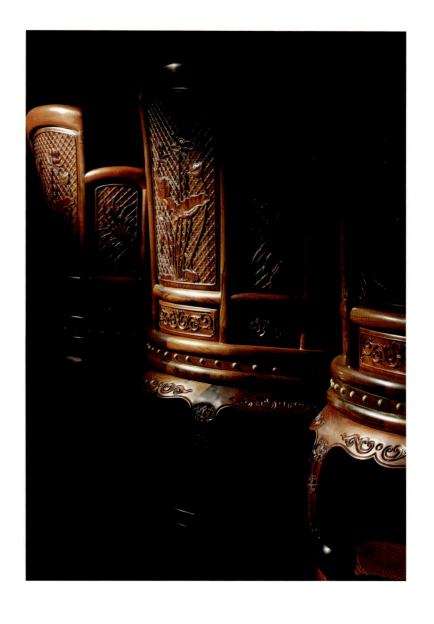

祥瑞至美大床

作品材质：东非黑黄檀、红酸枝
作品规格：3000mm×2200mm
出品日期：2012年
出品企业：东阳市万豪嘉美红木家具有限公司（新光红博）

作品简介：此床结构优美，紫光檀和红酸枝两种木材相衬使用，一脱沉闷而为明快，营造出欢喜的氛围，寓意鸳鸯戏水乐融融、永结同心喜连理（同心结），子嗣聪达如天使（童子），百年好合同到老（荷、盒），天地交而万物通，其志同而夫妇顺（龙凤呈祥）。整个床身雕刻图案寓意吉祥，雕刻手法独到而精细。床和顶箱柜配对而设，整体表达爱之大美，因爱而伟大，美好的事物，永恒的追求。

红木家具精品匯

中国·东作

东作红木家具精品·精品奖作品

祥瑞至美大床

红木家具精品匯

中国·东作

东作红木家具精品·精品奖作品

"三国演义"餐桌系列

作品材质：卢氏黑黄檀
作品规格：圆台：2000mm×820mm　椅：600mm×490mm×1170mm
出品日期：2012年
出品企业：东阳市南马雅典红木家具厂

作品简介：三国演义的圆台，精湛的东阳木雕工艺，实属东作家具之餐桌精品系列。（2012"广州·红棉杯国际工艺美术精品奖"金奖）

东作红木家具精品·精品奖作品

"三国演义"餐桌系列

东作红木家具精品 · 精品奖作品

春意大床

作品材质：花梨木（缅甸）
作品规格：床头柜：540mm×440mm×580mm　　床：2155mm×2485mm×1315mm
出品日期：2012年
出品企业：东阳市横店盘谷红木家具厂

作品简介：这是一套手工大床，整体寓意为一幅展开美好生活的画卷，事业如春，生机勃勃，靠头画案为画卷卷轴，石榴、桃，表达多子多福，吉祥如意，床头柜图案为梧桐树，同喜同贺。

东作红木家具精品 · 精品奖作品

春意大床

东作红木家具—浮雕

马到成功展宏图宝座

作品材质：大红酸枝
作品规格：长沙发：3280mm×1180mm×2180mm
　　　　　短沙发：1180mm×800mm×1830mm
　　　　　大茶几：1880mm×1680mm×840mm
出品日期：2012年
出品企业：东阳市御乾堂宫廷红木家具有限公司

作品简介：该套作品共25件，用料6吨左右，耗时一年，纯手工打造。用浅浮雕和立体雕的工艺手法，把展翅的雄鹰——飞禽的王者、东升的太阳——生机勃勃和徐悲鸿的八骏图——万马奔腾之势等画面融入整套作品之中，象征着主人事业马到功成、前程似锦、生机勃勃、大展宏图、飞黄腾达！该套作品蕴藏着深厚的历史文化背景，具有极高的艺术、欣赏和收藏价值。

红木家具精品匯

中国·东作

东作红木家具精品·精品奖作品

马到成功展宏图宝座

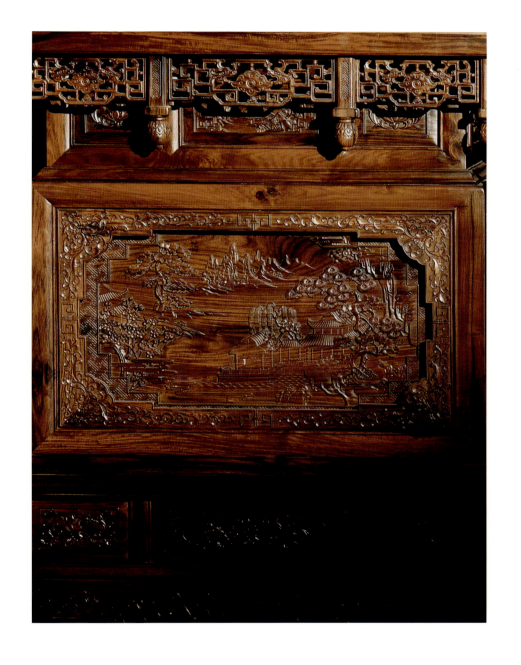

东作红木家具精品 · 精品奖作品

灵芝中堂

作品材质：紫檀木（印度）
作品规格：3000mm×500mm×1150mm
　　　　　　980mm×980mm×860mm
　　　　　　660mm×520mm×1080mm
出品日期：2012年
出品企业：东阳市旭东工艺品有限公司

作品简介：该产品的中堂以灵芝为主题，规格尺寸严格按照鲁班尺打造，取材于高档名贵材质——紫檀木，取料细致，做工严谨，采用榫卯结构，雕刻生动可爱，该产品既有明式家具的气息，又有清式家具的气息，具有较高的艺术收藏价值和实用价值。

东作红木家具精品·精品奖作品

"十八罗汉"挂屏

作品材质：大红酸枝
作品规格：2200mm×650mm×60mm
出品日期：2012年
出品企业：东阳市大联红古艺家具厂（杭生红木）

作品简介：此作品独树一帜，构思巧妙新颖，工艺独特、造诣颇高，材料选用老挝大红酸枝（交趾黄檀）独板制作而成。作品打破常规格局，把十八罗汉从庙堂式"解放"到大自然中。作品层次感强、疏密相间，背景是蓝天白云在上，山涧浪花扬波澜在其中，刀法细腻，人物表情生动传神，既保留了每位罗汉的经典画面，充满了传统的韵味，又达到艺术形式和思想内容完美统一的效果。
（2012中国传统家具博览会获中国家具设计奖家居饰品奖项银奖）

"十八罗汉"挂屏

灵芝中堂

作品材质： 卢氏黑黄檀

作品规格： 神　台：2800mm×550mm×1150mm
　　　　　　八仙桌：960mm×960mm×880mm
　　　　　　花　架：480mm×480mm×1100mm

出品日期： 2012年

出品企业： 东阳市横店大吉祥红木家具厂

作品简介： 此作品运用了东阳木雕中的"浮雕"、"透空雕"、"透空双面雕"等雕刻技法，采用穿枝过梗的手法，使纹饰惟妙惟肖，生意盎然，彼此贯通，连成一体。雕刻灵芝枝叶蔓延，生动逼真，与木材之坚形成鲜明对比，将古典家具的柔美和刚美很好地展现出来。作品雕工精致、洗练、玲珑剔透而不伤整体和牢固，整套中堂作为大堂家具摆设，整体气韵庄重肃穆，不染繁缛匠气，可谓古典家具中的精品之作。

红木家具精品匯

中国·东作

东作红木家具精品·精品奖作品

灵芝中堂

东作红木家具精品·精品奖作品

和谐宝座

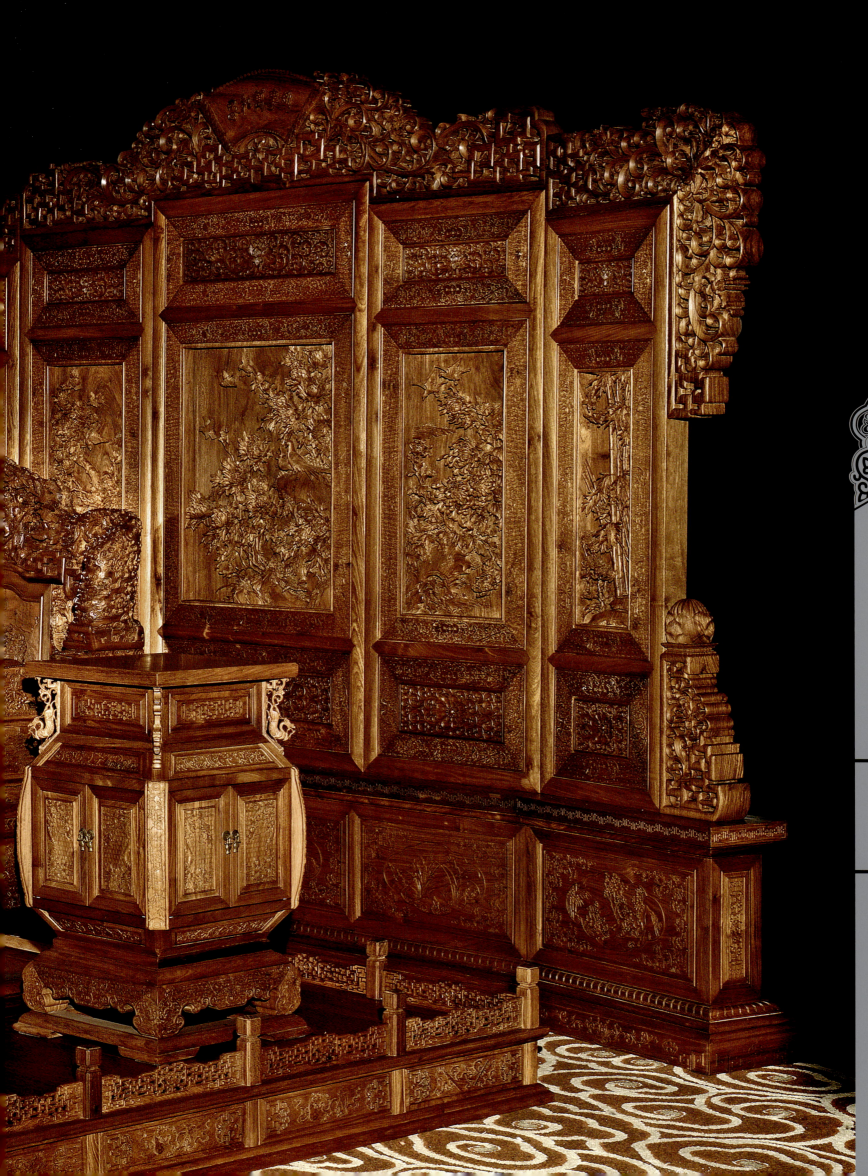

东作红木家具精品 · 精品奖作品

和谐宝座

作品材质：花梨木（缅甸）
作品规格：和谐宝座：1390mm×930mm　花架：460mm×460mm
　　　　　屏　　风：3690mm×400mm　底座：3292mm×1760mm
出品日期：2012年
出品企业：浙江卓木王红木家具有限公司

作品简介："和谐宝座"通过"和平鸽""孩童""净瓶""仙桃""牡丹""山水"等谐音物表达天人合一、太平有象、子孙流传、平安如意、和气生财、事业理想、荣华富贵、家和万事兴的"和谐"文化的精髓。"和谐宝座"鬼斧神工般的雕刻工艺、精美的古典家具造型，完美的元素融合，配以中国"和谐"文化的精髓，传达出源远流长的典藏意义。
（第七届中国（东阳）木雕竹编工艺美术博览会银奖）

东作红木家具精品·精品奖作品

和谐宝座

 优秀奖作品

东作红木家具精品·优秀奖作品

"三国演义"圆桌

作品材质：红酸枝（中美洲）
作品规格：直径：1380mm
出品日期：2012年
出品企业：东阳市大联红古艺家具厂（杭生红木）

作品简介：此张圆台图案选取了多个故事情节：桃园结义、三战吕布、凤仪亭、吕布貂蝉、走单骑、三顾茅庐、单刀赴会等等。人物形象静态与动态有机结合，故事情节跌宕起伏，令人浮想联翩，叹为观止。整张台面采用墨西哥红酸枝，充分运用了深雕、浅雕、镂空雕等高超的雕刻技法，刻画了英雄人物的"忠、义、仁、勇"品格，而行云如水的雕刻更是使山水、人物形象栩栩如生、惟妙惟肖，气势非凡，展示了东阳木雕工艺的精湛和中华民族的传统文化符号。观赏红木雕花大圆台，就像重温历史，品位、精美、富有神韵的中国古典经典文化。这种品位，是一个由表及里的审美过程，也是一种由浅入深的艺术享受。

红木家具精品汇

中国·东作

东作红木家具精品·优秀奖作品

"三国演义"圆桌

东作红木家具精品·精品奖作品

"三国演义"圆桌

东作红木家具精品·优秀奖作品

清式紫檀透雕荷花纹大宝座沙发

作品材质：卢氏黑黄檀
出品日期：2012年
出品企业：东阳市江南宝典红木家具有限公司

作品简介："大器天成，巧夺天工"是对本作品的最佳诠释。作品整体设计将清式紫檀透雕荷花纹大宝座与荷花纹小宝座相互呼应，充分展示出主人品位与身份的居家思想，宫廷家具文化工艺传承与创新价值完美呈现。整套大宝座沙发选用上等大叶紫檀，用料精挑细选，堪称奢华；整个作品将东阳木雕的高超技艺与精髓发挥得淋漓尽致，是东阳木雕精辟诠释家具文化灵魂意境的升华，更是一种敬仰。荷花、荷叶、荷梗、莲藕贯穿整个作品主体，包括主背花板、扶手围板、面方、束腰、裙板、腿牙等，寓意高贵、和美、多子多福、年年有余；通体雕刻以透雕为主，浮雕为辅，双面雕刻更彰显雍容华贵；栩栩如生的荷花、荷叶，惟妙惟肖的莲藕、荷梗，细如发丝的水波纹等更体现东阳木雕技艺超群、刀工之娴熟精湛；加上镶嵌名贵檀香莲子作点缀，更是画龙点睛之笔。所以整个作品尽显清宫御用家具之形、神、气韵、精髓，又结合当今更高一筹工艺水准之代表，故极具艺术欣赏价值与投资收藏价值。

东作红木家具精品·优秀奖作品

寒雀罗汉床

作品材质：东非黑黄檀
作品规格：床身：1980mm×1080mm×880mm
　　　　　炕几：880mm×380mm×220mm
出品日期：2012年
出品企业：东阳市振宇红木家具有限公司

作品简介：本作品是以北宋画家崔白的《寒雀图》为主题的罗汉床。描绘的是隆冬的黄昏，一群麻雀在树枝上安栖入寐的景象。该床床身古朴凝重，床面三围子呈七屏式围栏，光素床面，下饰束腰，托腮下鼓腿膨牙，大挖内翻马蹄，兜转有力。作品结合东阳木雕创新的"东式檀雕"技法，行刀运凿洗练洒脱，清晰流畅，将皴擦勾勒的树干在形骨轻秀的鸟雀衬托下，被赋予了各类神态，显得格外混穆恬淡，苍寒野逸。（第七届中国（东阳）木雕竹编工艺美术博览会银奖）

东作红木家具——嵌雕

东作红木家具精品·优秀奖作品

荷塘清趣沙发

作品材质：大红酸枝

作品规格：三人沙发：2080mm×660mm×1080mm

单人沙发：1050mm×626mm×1080mm

沙发大平几：1380mm×1160mmm×550mm

沙发高几：600mm×500mm×690mm

出品日期：2012年

出品企业：东阳市振宇红木家具有限公司

作品简介：作品将古典家具款型与"东式檀雕"技法有机地完美结合，以匀劲的线条勾勒出花鸟的轮廓，结合浑厚、娟秀的刀法层层晕染，表现出丰富的层次感。作品构图简练明朗，以荷塘为背景，将一俯一仰的两只白鹭与摇曳多姿的荷花、荷叶相映衬，配以浑厚天成的宝座风格，赋予其清雅的质感，体现出荷花"出淤泥而不染，濯青莲而不妖"的高贵品质，是人与自然和谐的完美结合。工艺古朴、考究，全榫卯可拆卸做工。

东作红木家具精品·优秀奖作品

荷塘清趣沙发

荷塘清趣

红木家具精品匯 | 中国·东作

东作红木家具精品·优秀奖作品

"百鸟朝凤"画案

作品材质：紫檀木（印度）
作品规格：1980mm×1080mm×880mm
出品日期：2012年
出品企业：东阳市江南宝典红木家具有限公司

作品简介：作品用材选用上等小叶紫檀，彰显尊贵与奢华，整件作品可组装拆卸，将传统木工榫卯工艺水准发挥到极致。画案桌面由整块花板组成，可欣赏如景如画。花板采用百鸟朝凤题材，寓意富贵、独占风骚。裙板为一帆风顺题材，寓意事事顺利、吉祥如意。民间工艺大师傅深浅浮雕工艺运用错落有致，精美绝伦，刀工手法细腻娴熟，用工可谓不厌其工，内翻马蹄腿设计足显生动灵气，真正为一件不可多得的东作精品。

东作红木家具精品·优秀奖作品

禅椅三件套

作品材质：大红酸枝
作品规格：椅：740mm×600mm×770mm
　　　　　几：600mm×450mm×600mm
出品日期：2012年
出品企业：东阳市南马雅典红木家具厂

作品简介：用传统的榫卯工艺，畅诉人性的本质。参悟生活的禅意，真实！简单！自然！

东作红木家具精品·优秀奖作品

画案

作品材质：香枝木
作品规格：1980mm×880mm×838mm
出品日期：2012年
出品企业：东阳市画水中艺红木家具厂

作品简介：画案精选上等香枝木，采用夹头榫结构，不用胶水，全身光素，纹理优美。画案整体简洁明快，线条流畅，格调高雅大方，兼具书斋文化特点。

"西游记"顶箱柜

作品材质：花梨木（缅甸）
作品规格：1200mm×600mm×2300mm
出品日期：2012年
出品企业：东阳市大联红古艺家具厂（杭生红木）

作品简介：本作品采用花梨木（缅甸），为精选独板老料，用料硕大考究，耗材近2t。为凸显雕工，顶箱柜正面板为加厚板，约2cm，两侧板厚约1.8cm。顶箱柜图案内容取自我国四大古典名著之一的《西游记》。此件作品三面精雕，采用通体深浮雕、局部圆雕等工艺，将原著内的故事情节再现于作品之中，景致、人物造型丰满、细腻传神，整体造型典雅庄重，凸显不凡身价。

东作红木家具精品·优秀奖作品

太和餐桌

作品材质：大红酸枝
作品规格：餐桌：1480mm×950mm×800mm
　　　　　椅子：470mm×445mm×435mm
出品日期：2012年
出品企业：东阳市大明翰林红木家具厂

作品简介：此套餐桌名为太和餐桌，寓意太太平平，合家团圆。本桌为一桌6椅，整套家具用料全为老挝大红酸枝，按传统手工艺制作，原木色只打蜡。本套餐桌用料慎重，严格选料，经过60多道工序，精制而成。

红木家具精品匯 　中国·东作　133/134

东作红木家具精品·精品奖作品

太和餐桌

东作红木家具精品·优秀奖作品

江南·忆

作品材质：花梨木（非洲）
作品规格：椅子：858mm×630mm×883mm
　　　　　　茶几：500mm×550mm×580m
　　　　　　屏风：2697mm×28mm×2000mm
出品日期：2012年
出品企业：东阳市标君工艺品有限公司

作品简介：作品灵感源于江南水乡景，将古建筑的镂空窗花格和马头墙有机地结合，采用简洁明快的直线细木条格，用圆不锈钢条衬托出细雨江南波光涟漪的感觉，配上传统青花布的软装，成就红木家具古典和时尚的韵味，以适应现代人居家和精神上的需要。

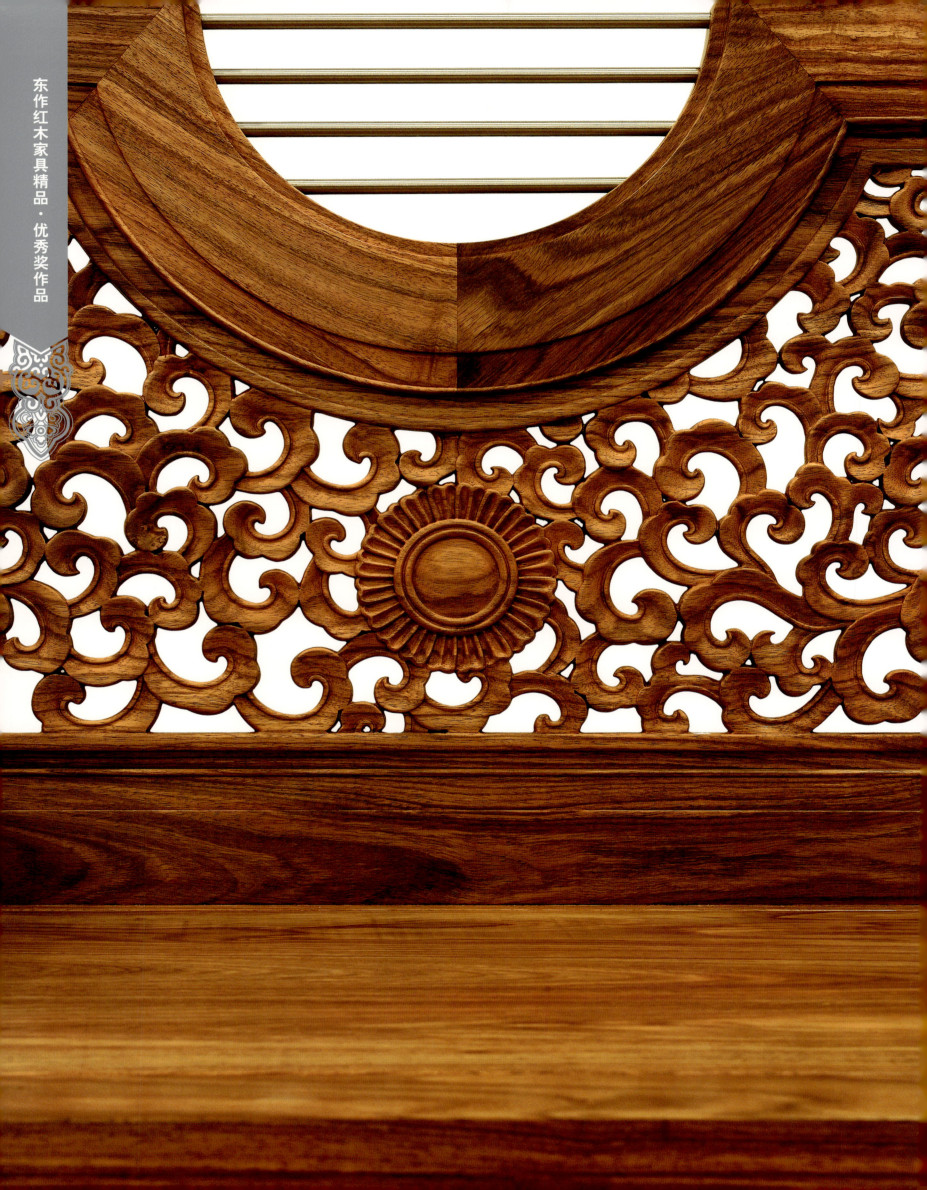

江南·忆

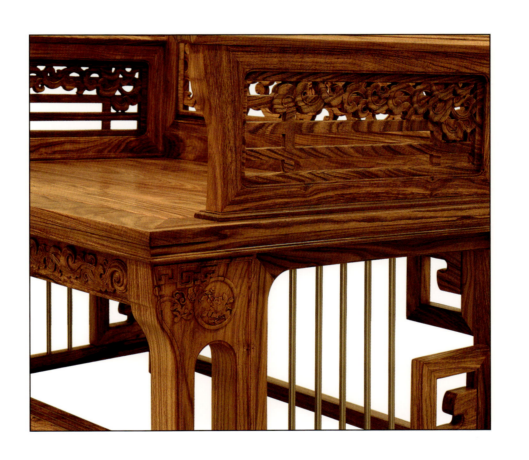

■ 东作红木家具—阴雕

评选现场花絮

评选花絮

一、精品评审专家委员会成员：

主任：陈宝光

成员：陈宝光、濮安国、陆光正、关惠元、伍炳亮、王正书、徐经彬、徐魁梧

二、评审专家成员介绍：

陈宝光：中国家具协会副理事长，中国家具协会传统家具专业委员会主席团常设主席，中国家具协会设计工作委员会主任。

濮安国：中国明式家具研究所所长、国家工艺美术专家库成员。

陆光正：亚太地区手工艺大师，中国工艺美术大师，中国工艺美术学会木雕艺术专业委员会会长。

关惠元：南京林业大学家具与工业设计学院副院长，家具设计研究中心主任，博士，教授，博士生导师。

伍炳亮：中国家具协会传统家具专业委员会主席团执行主席，中国明式家具学会理事，中国红木古典家具造型艺术顾问，广东省工艺美术协会副会长。

王正书：上海博物馆中国古代玉器、中国明清家具鉴定专家，上海博物馆学术委员会委员。上海市文物鉴定委员会委员，上海市文化人才认证中心特聘专家。

徐经彬：中国工艺美术大师

徐魁梧：南京林业大学副教授，博士，硕士生导师。木材工业学院木材科学与工程系主任，木材科学与工程实验室主任。中国林学会木材科学分会理事。

1 陈宝光	5 伍炳亮
2 濮安国	6 王正书
3 陆光正	7 徐经彬
4 关惠元	8 徐魁梧

1	2
3	4
5	6
7	8

东作红木家具精品·评选花絮

中国红木家具"东作"奖评选现场花絮

主　　编：李黎明
副 主 编：曹益民　应杭华
编　　委：金欲媚　何　婷　叶洪军
执行编辑：应杭华　王　虹　全龙飞
装帧设计：埃克迅设计机构
摄　　影：艺泰商业摄影机构

图书在版编目(CIP)数据

红木家具精品汇／李黎明 主编 —武汉：华中科技大学出版社，2013.9
ISBN 978-7-5609-9182-5
Ⅰ．①红… Ⅱ．①李… Ⅲ．①红木科－木家具－东阳市 Ⅳ．①TS666.255.3

中国版本图书馆CIP数据核字(2013)第146231号

红木家具精品汇　　　　　　　　　　　　　　　　　　　　　　　　　　　李黎明　主编

出版发行：华中科技大学出版社（中国•武汉）
地　　址：武汉市武昌珞喻路1037号（邮编：430074）
出 版 人：阮海洪

责任编辑：曾　晟　　　　　　　　　　　　　　　　　　　　　　　　　责任监印：秦　英
责任校对：赵爱华　　　　　　　　　　　　　　　　　　　　　　　　　装帧设计：埃克迅设计机构

印　　刷：北京雅昌彩色印刷有限公司
开　　本：889 mm×1194 mm　1/8
印　　张：21.5
字　　数：96千字
版　　次：2013年9月第1版第1次印刷
定　　价：498.00元(USD 99.99)

投稿热线：(010)64155588-8000　hzjztg@163.com
本书若有印装质量问题，请向出版社营销中心调换
全国免费服务热线：400-6679-118　竭诚为您服务
版权所有　侵权必究

声明：本画册之全部图片版权归东阳市红木家具行业协会所有，文字著作权归编者所有。未经同意，他人不得以任何形式侵犯所有者的全部或者部分权益，包括：擅自复制、转载或非法使用，及任何方式的翻拍、编辑、出版、印刷、翻样和重制。

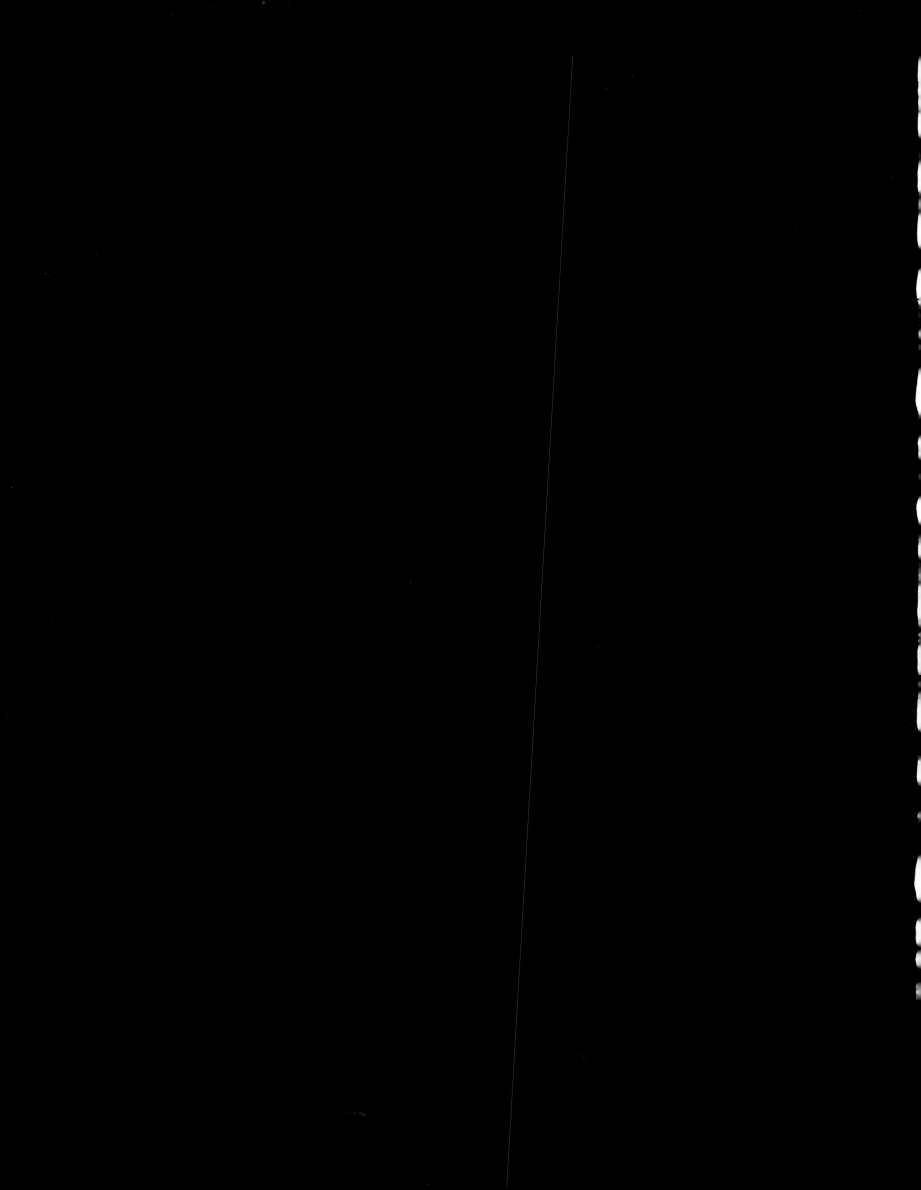